U0240858

CONDITIONAL DESIGN

图解设计思维过程小书库

建筑元素设计
空间体量操作入门

An Introduction to Elemental Architecture

[美] 安东尼·迪·马里（Anthony Di Mari）著
滕艺梦 栗茜 译

机械工业出版社
CHINA MACHINE PRESS

ELEMENTAL

"图解设计思维过程小书库"引进了时下国外流行的图解类建筑设计工具书，通过轻松明快的编排方式、简单明了的图像以及分门别类的主题，使读者可以在床头案边随时翻阅，激发灵感，常读常新。

设计师对建筑体量进行操作后，需要进行更深入的设计思考：是将体量相连，还是在体量上开洞引入光线，或是根据与地面的关系放置体量，抑或是考虑这组体量如何联系并影响场地。本书是在一番基础体量操作（如扩增、嵌套、抬升等）之后，叠加以三种建筑元素：连接、开洞和地面，并通过将建筑元素与体量操作以组合或集成的方式继续发展出更加复杂而丰富的素材，从而形成一套更为系统和清晰的建筑生成逻辑。

本书可作为建筑设计及相关设计专业学生的教学辅导书，也可以作为建筑设计从业者的灵感参考书。它为我们勾画出不同的设计可能性：从抽象空间操作开始，到平衡功能与场地，直至最终创造出真正美妙、复杂和具有启发性的空间。

Conditional Design: An Introduction to Elemental Architecture by Anthony Di Mari/ISBN 9789063693657

This title is published in China by China Machine Press with license from BIS Publishers. This edition is authorized for sale in China only, excluding Hong Kong SAR, Macao SAR and Taiwan. Unauthorized export of this edition is a violation of the Copyright Act. Violation of this Law is subject to Civil and Criminal Penalties.

本书由BIS Publishers授权机械工业出版社在中华人民共和国境内（不包括香港、澳门特别行政区及台湾地区）出版与发行。未经许可之出口，视为违反著作权法，将受法律之制裁。

北京市版权局著作权合同登记 图字：01-2018-4811号。

图书在版编目（明）数据

建筑元素设计：空间体量操作入门/（美）安东尼·迪·马里（Anthony Di Mari）著；滕艺梦，栗茜译.—北京：机械工业出版社，2019.12（2022.1重印）
（图解设计思维过程小书库）

书名原文：Conditional Design: An Introduction to Elemental Architecture

ISBN 978-7-111-63995-4

Ⅰ.①建… Ⅱ.①安…②滕…③栗… Ⅲ.①建筑设计—图解 Ⅳ.①TU2-64

中国版本图书馆CIP数据核字（2019）第233042号

机械工业出版社（北京市百万庄大街22号 邮政编码100037）
策划编辑：时 颂 责任编辑：时 颂
责任校对：刘雅娜 责任印制：孙 炜
北京利丰雅高长城印刷有限公司印刷
2022年1月第1版第4次印刷
130mm×184mm·5.25印张·2插页·95千字
标准书号：ISBN 978-7-111-63995-4
定价：39.00元

电话服务　　　　　　　　　网络服务
客服电话：010-88361066　　机 工 官 网：www.cmpbook.com
　　　　　010-88379833　　机 工 官 博：weibo.com/cmp1952
　　　　　010-68326294　　金 书 网：www.golden-book.com
封底无防伪标均为盗版　　机工教育服务网：www.cmpedu.com

专家寄语

建筑设计是一种多维链接的系统思维，其过程很难表述为规定性的标准程序。然而在复杂的过程中，有时一个形象或是一幅图解就能给予启发，激活整个思维。这套"图解设计思维过程小书库"呈现了类型丰富的作品案例和简明准确的图示解析，面向操作，可读性强，是建筑专业学生不可多得的工具性参考书，也可以作为执业建筑师的点子和方法宝库。

——张彤，东南大学建筑学院院长

此套小书库有助于理解建筑创作的逻辑规律，有助于建立起理性思维习惯，有助于激发创造力。

——曹亮功，北京淡士伦建筑设计有限公司总建筑师，
全国高等学校建筑学专业教育评估委员会第三第四第五届副主任委员

建筑设计是空间的创造与表达。图解思维可启迪设计灵感，是空间基础训练最有效的方法，对提高设计水平是有益的。

——吴永发，苏州大学建筑学院院长

图示表达为建筑设计的根本语言，图示思维是建筑创作的基本方法。愿此书为您打开理解建筑的大门，打通营造环境的途径！

——王绍森，厦门大学建筑与土木工程学院院长

"图解设计思维过程小书库"以轻松明晰的风格讲述建筑学及建筑设计的方法。"授之以渔"永远比"授之以鱼"重要，此书可以帮助建筑学的学子透过建筑图片表象，了解图片背后的生产逻辑、原因和路径。

——何崴，中央美术学院建筑学院教授

丛书序

　　自二十世纪初，德国包豪斯、苏联呼捷玛斯开始现代主义建筑空间造型理论与教育方法的研究，已过去整整一百年了。百年前的先贤们奠定的空间造型理论与方法被广为传播，在世界各地开花结果，成为百年来现代主义建筑创作的重要基础，也是工业革命以来现代建筑发生发展的重要依据。不仅仅是这些创作理论与方法的贡献，包豪斯与呼捷玛斯一起也在设计空间构成与造型教育方向成果颇丰，成为现代建筑教育重要的指南和基石。

　　基于这样的教育思想和训练方法，世界各国大学的建筑空间造型训练与教育虽不尽相同，但大体思想却出奇一致，那就是遵循现代主义建筑的结构技术体系、造型方法体系、现代材料的逻辑体系，形成整体的空间造型训练。但正如文学语言的构成需要字词句等基础元素，建筑教育界却在建筑造型的基础语言元素体系方面训练较少，缺少必要的方法和理论。初学者缺乏必要的基础元素训练，欠缺较完整的基础空间构成体系的训练，甚为遗憾。

　　2011 年，荷兰 BIS 出版社寄赠予一套丛书，展示了欧洲这方面的最新研究成果，弥补了这方面的遗憾，甚为欣慰。此套丛书从建筑元素设计、建筑空间结构与组织、多功能综合体实践等各个方面，将建筑基础元素与空间建构的关系进行了完美的解答，既有理论和实例，又有设计训练方法，瞄准创意与操作，为现代建筑教育训练提供了实实在在的方法，是一套建筑初步空间构成探索与训练的优秀作品。

《建筑元素设计：空间体量操作入门》一书，开创性地将抽象方法联系到更为实际的建筑元素中，力图产生一套更为系统和清晰的建筑生成逻辑，强调体量操作中引入各种建筑元素，激发进一步研究和探索元素设计的可能性，三个建筑元素的选择：垂直交通、开洞和场地，将空间与体验相联系。

《建筑造型速成指南：创意、操作和实例》一书，是作者与建筑师在教学与建筑实践方面十余年的合作成果。通过重复使用和组合简单的建筑元素来解决复杂的空间要求，对于循序渐进地提高学生创意能力帮助巨大。

《建筑折叠：空间、结构和组织图解》一书，将折纸作为一种训练手段，探讨充满体量感的设计创意的可能性挑战，注重评估折纸过程中的每一个步骤，激发创造力，追求建筑设计中的理性与空间逻辑，形成了独特的训练方法。

《创新设计攻略：多功能综合体实践》一书，通过多功能建筑综合体来探讨结合私密空间和公共空间的非传统和实验性的方法。通过复杂功能的理性划分，探讨公共空间的多种策略，通过分析、计算机空间模拟、实体以及数字模型多种方法达到训练目标。

四本书各有特点，每本都从最基本的建筑造型元素出发，探讨空间造型与训练方法，并将此方法潜移默化于空间的创造之中，激发学生的灵感。

谨代表中国的建筑学专业教师与学生一起感谢机械工业出版社独具慧眼，引进了一套非常有价值的教学训练丛书。

韩林飞

米兰理工大学建筑学院教授、莫斯科建筑学院教授、

北京交通大学建筑与艺术学院教授

中文版序言

　　本书旨在将我们于《建筑空间动词表》一书中开创的抽象方法联系到更为实际的建筑元素中去。

　　《建筑空间动词表》一书缩略了部分在设计伊始先入为主的建筑观念，因此有时会显得缺乏方法或逻辑。而本书则通过动词的方式重新引入这些实际的建筑元素。通过将"动词表"中新的语汇和我们所熟悉的建筑元素结合起来，从而产生了一套更为系统和清晰的建筑生成逻辑。

　　可读性一向是这套方法的基石。我们不仅希望能够通过简洁明了的方式来建立起设计师和读者之间沟通的桥梁，更是为了在最初的几个设计阶段对建筑师进行引导。图解的方式非常易于理解，同时也能促使设计逻辑加速生成，还提供了一个丰富的平台，既有交流，也有批评。

　　尽管这两本书讲述的方法是统一的，但本书进一步带领我们接近空间设计，并开始考虑如何将那些基础的体量转换为建筑空间。

　　我的母语是英语，但我非常高兴能与其他母语的设计师们分享这套建筑语汇。毕竟，本书出版的目的，就是建立起跨越语言的设计平台。

安东尼·迪·马里

序

　　自《建筑空间动词表》出版之后，安东尼和我通过各种设计课和工作坊，获得了许多与学生们一起实践书中理念的机会。在将书中的概念运用到教学中去时，我们发现可以进一步归纳出一个框架，用以强调体量操作中所需要引入的各种建筑元素。随着学生作品的逐步深化，以及对简单抽象形体研究的超越，一个总结这些建筑元素和可能性的新目录出现了。这些想法展示了如何继续运用《建筑空间动词表》中的逻辑，来进一步发展建筑设计。

　　本书所展示的成果，也是一系列方案和设计可能性，旨在激发进一步的研究和探索。它们与初始的体量操作紧密相连，却更进一步：通过我们在《建筑空间动词表》中有意抽象化的尺度因子的作用下，这些基础的体量操作在现有的空间条件下可以产生什么，它们本身又可以创造出什么新的状态。

　　本书通过三种基本的建筑元素来解析尺度：垂直交通、开洞和场地。此三元素均为建筑之基本，正是通过它们，才将空间与体验空间的个体联系起来。本质上，它们都关乎联系，即空间内部的联系、空间内外的联系以及空间和周边场地的联系。我将本书视作《建筑空间动词表》中话题的自然延伸，因为它在一个统一的方法体系中，通过回应功能需求和已知场地条件的方式，建立起了抽象体量操作和实际结果之间的桥梁。

值得注意的是，这仅仅是针对我们在《建筑空间动词表》一书中所铺陈出的巨大而抽象的基础的一个延续。本书提供的是一种方法，而非刻板定义，可以被运用到各种不同的需求中去。

对于正在学习空间设计的读者，本书强调的是设计师在决策过程中的思路，以及相应的决策结果：它将设计过程与其所形成的空间特色相联系。作为设计师，这是我认为本书最激动人心的部分——它继续为我们勾画出在某个项目中可考虑的不同方案：从抽象空间操作开始，到平衡功能与场地，直至最终创造出真正美妙、复杂和具有启发性的空间。

诺拉·俞

目录

阅读指南

本书旨在总结出一套图示语汇，来激发学生和设计爱好者们的灵感。因此，如何理解作者的这套语汇，将影响读者的阅读体验和效果。希望这篇指南能够起到抛砖引玉的作用。

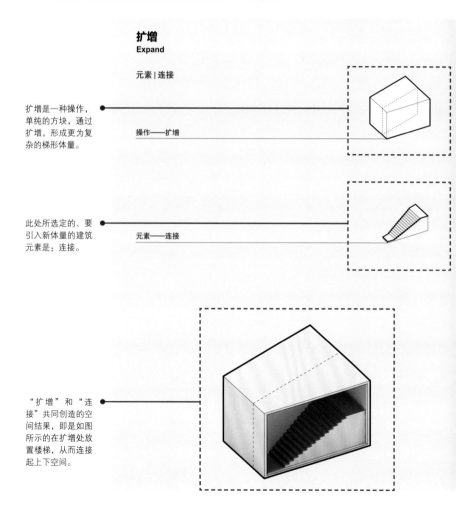

扩增
Expand

元素 | 连接

扩增是一种操作，单纯的方块，通过扩增，形成更为复杂的梯形体量。

操作——扩增

此处所选定的、要引入新体量的建筑元素是：连接。

元素——连接

"扩增"和"连接"共同创造的空间结果，即是如图所示的在扩增处放置楼梯，从而连接起上下空间。

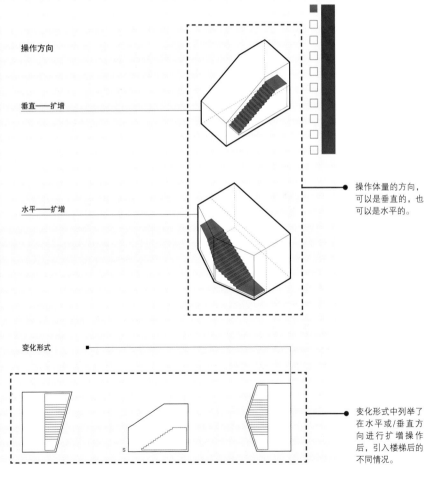

操作方向

垂直——扩增

水平——扩增

操作体量的方向，可以是垂直的，也可以是水平的。

变化形式

S

变化形式中列举了在水平或/垂直方向进行扩增操作后，引入楼梯后的不同情况。

引言

本书是《建筑空间动词表》(*Operative Design: A Catalogue of Spatial Verbs*)的续作。在第一本书中,空间的形成被解释为源于基础操作的过程,书中提供了一套动词词库,用以开启建筑思维和激发设计过程。而本书,正是构建在其基础之上。

从空间上来说,"条件"是"操作"的结果。当设计师运用动词表操作体量时,不同的空间条件开始呈现。在进行体量操作时,设计师有机会从几个条件里选择一个方向进行更深入的设计探讨:是将体量相连,还是在体量上开洞引入光线或设置入口,或是玩味体量与地面的关系,抑或是考虑这套体量如何联系并影响场地条件。

比如,当两个体量重叠时,一个置于另一个之上,会自然产生一个由两个体量所共有的内部空间。而设计师,则可以利用这个空间,来建立两个体量之间的联系。因此,此番重叠的操作,不仅是一种形式策略,还呈现了体量间的内部联系。由此操作所定义的空间感,同时又引领建筑师进一步去探索其内部空间形成。当设计师计划挖除体量的一部分时,这个从中移除的行为,使其在存疑的同时也能够确认此举会创造出另一个空间上的可能性，例如，在被移除的部分开洞。

这种系统性的方法最大限度降低了排布这些建筑元素的随机性，并通过某种设计方法将它们整合在一起。但设计师仍旧应该批判性地看待这些"方法性"的操作，因为设计归根结底还是应该对体量操作之外的其他设计条件做出回应，包括功能、光照和可达性。这些操作可能是在回应已有的设计条件，也可能是在创造一组基于操作和地面的新设计条件。作为一种方法，它是抽象体量操作与考虑到功能、场地、尺度和结构的设计之间的桥梁。

建筑元素：代码 + 特性

通过建立系统化的过程，一组有的放矢的设计操作，能够促成一项有所着重的设计。我们可以把它视作设计代码，或开发一种设计方法的尝试。所谓"代码"，最重要的是要有逻辑清晰的过程，而非形式。由系统方法产生的设计逻辑，能够在设计过程、甚至结果中产生连贯性。这并不意味着设计过程的单一性，因为系统本身便包含了多种基于初始操作的设计情境。这是一个选择系统。如同《建筑空间动词表》一样，本书中通过一种具定向性的工作方法来寻求变化形式，并反之将其作为评判设计的标准。

最终的设计结果还是会回归真实创造的空间，以及个体如何感知这些体量操作。考虑设计条件的步骤能够整合起光、地面和交通等元素，同时认识并处理在现有场地条件和设计约束下的空间体验。

重新认识平面：连接 + 开洞 + 地面

本书以《建筑空间动词表》中的初始体量作为平面构成的原型。从这方面来理解，本书将会与其讨论抽象空间的前作有所不同。《建筑空间动词表》提供的是反复研究体量关系的可能性。要进一步理解这种体量研究，则不可避免地要赋予这些体量以尺度。这些操作在最初仍将独立存在，而最终则会通过组合和集成的方式继续发展。操作的种类（单一、多样、增加、置换或去除），也能帮助总结出这些不同的状态是如何产生的，同时也强调了反复递进的操作过程。现在将重点放在组成体量的平面上，因此体量的内部空间和随之产生的内外互动，也被考虑在内。

对于平面的解读延伸至地面。由于本书开始探索体量操作和地面之间的关系，它引发了对初始操作如何改善或产生新的地面条件的进一步研究。每一步设计都将重新考虑地面。斯蒂文·霍尔的"相关性设计"[1]图解启发了对四种地面情形的独特理解：地上，半地上，地下和悬空。本书会进一步通过迭代操作来阐述这几种情形。

楼梯、开洞和抽象地面这些基础平面元素并不能简单地进行字面理解或绝对化。我们引入这些空间要素，是为了展现初始操作所带来的各种可能性。

[1] Steven Holl. 'Correlational Programming' in Parallax. Princeton. New York. 2000.

组合 + 集成

由于可以随意组合，或重复使用某个单一动词来发展出不同的结果，本书将重点关注连接、开洞和地面。在一组给定的体量上可以采用多重的操作，同一种操作也可以用来探索多种结果，或是通过不同的操作来探索不同的结果。用同一种基础操作来进行设计，尤其是在将连接、开洞和地面考虑在内时，便自然而然建立了设计的连贯性。例如，数次推移的操作可以产生多个洞口，也可以同时开洞和连接。通过组合起多次的操作，设计连贯性得以强化并形成设计层级。

在确定某种建筑元素后，基础体量的集成可以被用来研究建筑元素的叠加状态。任何这些基础的集成操作——阵列、堆积、聚集、镜像和接合——都可以被用来探索建筑元素组合的潜力。例如，当多个体量重叠时，自然而然就形成了联系，因此我们就可以通过堆砌这些重叠的体量在垂直方向上集成模块，并将体块的每一层连接起来。

应用

本书所提供的操作方法，不仅可以用来研究形体方案，也可以用来理解和阐释已建成的建筑。通过进一步探索真实建筑尺度下的体量操作，并结合建筑元素设计，例如连接体量或寻找机会开洞，建筑雏形呼之欲出。体量与地面之间的联系方式，更完善了这些空间概念，并进一步推动了建筑的诞生。

当考虑到多种功能体量的集合时，结合建筑元素的设计能够开始对功能进行组织。连接性的元素可以划分服务型空间和居住空间。例如，波利住宅，偏移的体量创造出了外围一圈功能和服务设施。通过偏移，设计师不仅发展出了一套整体的体量操作，同时也包含了局部的建筑元素设计。另一个项目，沃尔夫住宅，是典型的在保持清晰功能组织的同时，系统性形成的扩增式体量案例。同楼梯一起，这样的操作不仅形成了一块服务型功能的区域（如卫生间、公共设施区和设备间），也定义了居住空间（客厅和卧室）。这般清晰的功能分区得益于"扩增"这一设计操作。设计师高效地运用这些简单的体量操作，来获得交通空间、开洞逻辑和巧妙的场地考量。单体别墅则将"抬升"作为清晰的设计策略，强调初始体量与地面的关系，并额外通过空间操作获得了交通空间。

这些案例，都展现了清晰的设计逻辑、合理的功能分区、简洁的细部和总体设计的连贯和谐。由于每个项目都将有自己相应的功能、场地和尺度要求，所以对建筑元素的考量就显得越发重要了。

本书可以作为一本说明性的工具书。通过本书的角度来解释实际项目，我们可以更好地领会每个项目中精心设计的空间联系、开洞和场地考量。

单体别墅
Solo House
操作——抬升
建筑元素——地面+连接

波利住宅
Poli House
操作——偏移
建筑元素——连接+开洞

摄影：Cristóbal Palma

基础体量 + 元素
Base Volumes + Elements

基础体量的变化形式

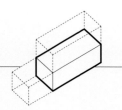

元素——连接

元素——地面

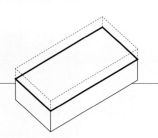

元素——开洞

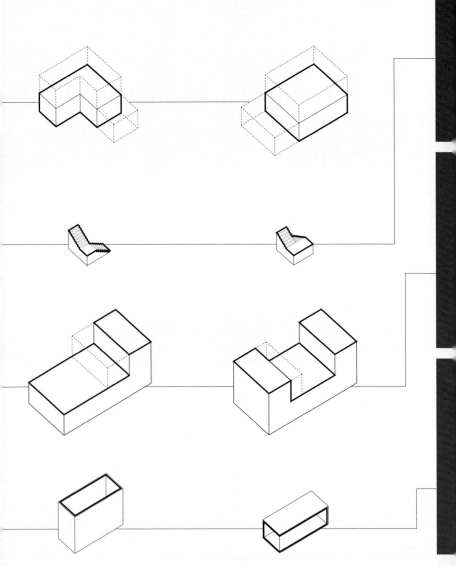

元素

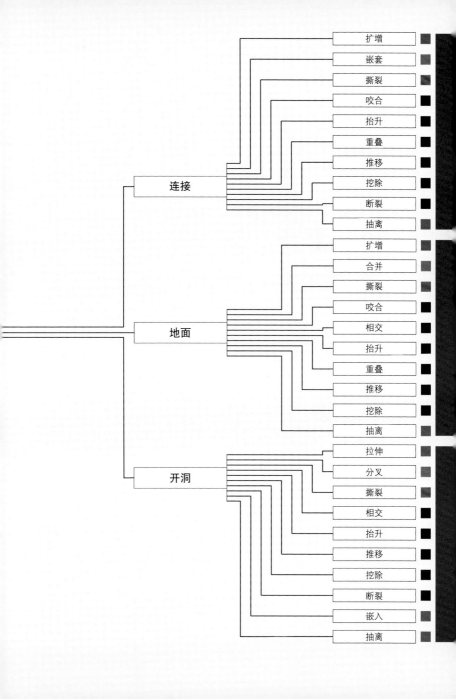

元素

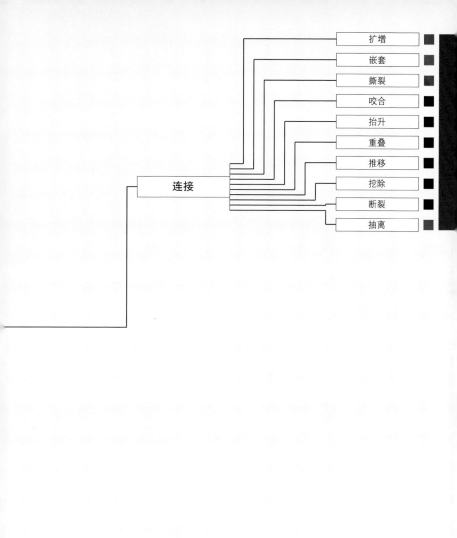

扩增
Expand

元素 | 连接

操作——扩增

元素——连接

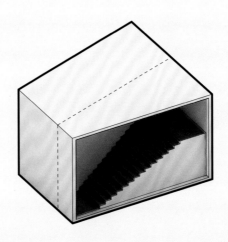

操作方向

垂直——扩增

水平——扩增

变化形式

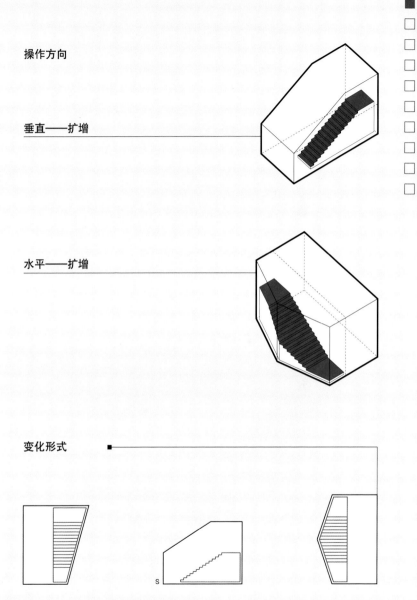

嵌套
Nest

元素 | 连接

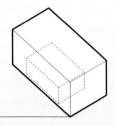

操作——嵌套

元素——连接

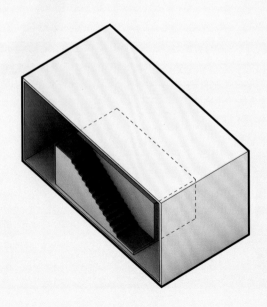

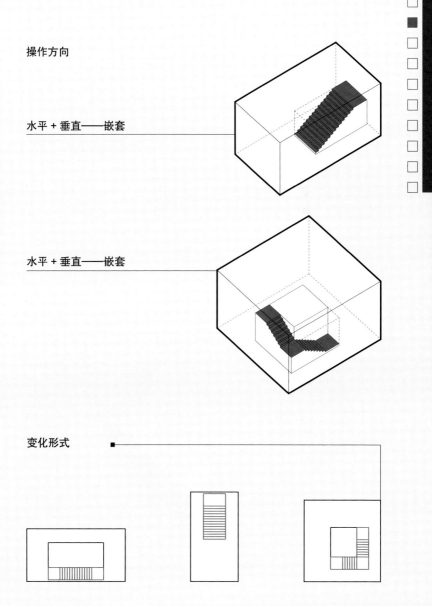

操作方向

水平 + 垂直——嵌套

水平 + 垂直——嵌套

变化形式

17

撕裂
Split

元素 | 连接

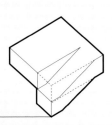

操作——撕裂

元素——连接

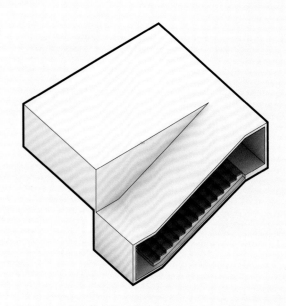

操作方向

水平 + 垂直——撕裂

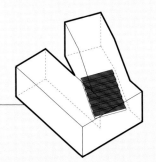

垂直——撕裂

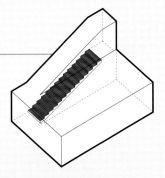

变化形式

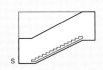

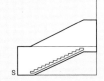

咬合
Interlock

元素 | 连接

操作——咬合

元素——连接

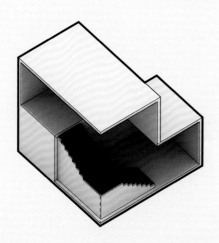

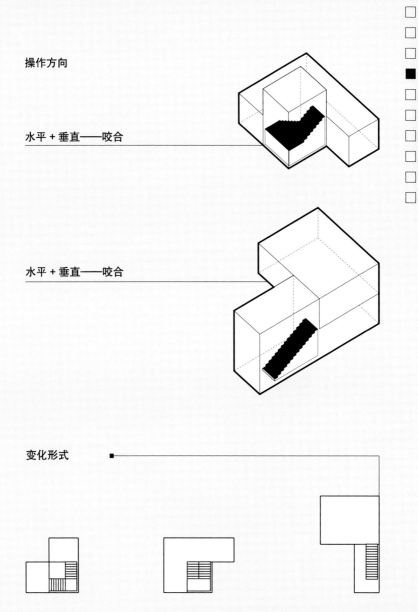

操作方向

水平 + 垂直——咬合

水平 + 垂直——咬合

变化形式

抬升
Lift

元素｜连接

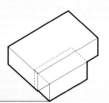

操作——抬升

元素——连接

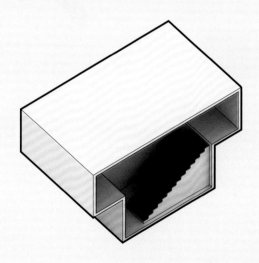

操作方向

垂直——抬升

垂直——抬升

变化形式

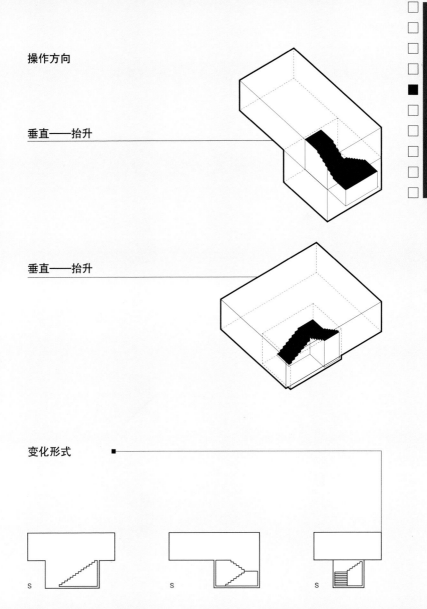

S   S   S

重叠
Overlap

元素 | 连接

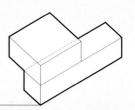

操作——重叠

元素——连接

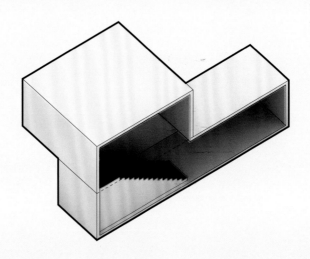

操作方向

水平 + 垂直——重叠

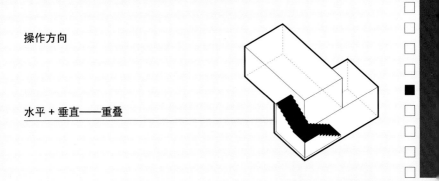

水平 + 垂直——重叠

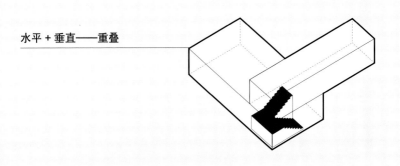

变化形式

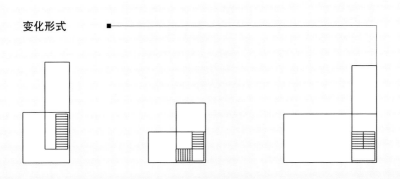

25

推移
Shift

元素 | 连接

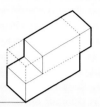

操作——推移

元素——连接

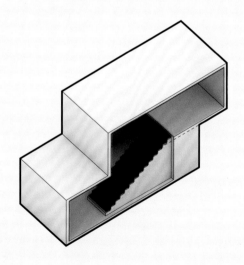

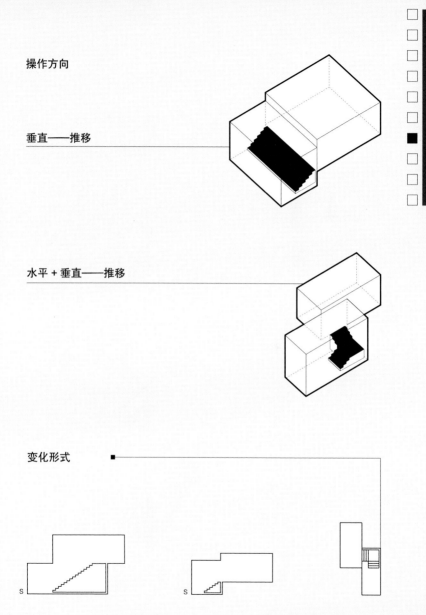

操作方向

垂直——推移

水平 + 垂直——推移

变化形式

S

S

挖除
Carve

元素 | 连接

操作——挖除

元素——连接

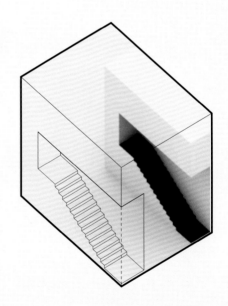

操作方向

水平 + 垂直——挖除

水平 + 垂直——挖除

变化形式

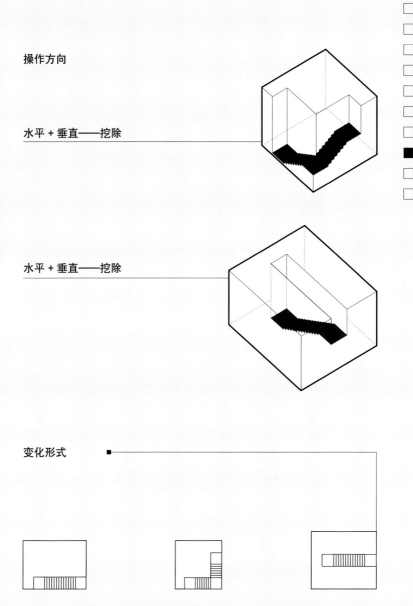

断裂
Fracture

元素 | 连接

操作——断裂

元素——连接

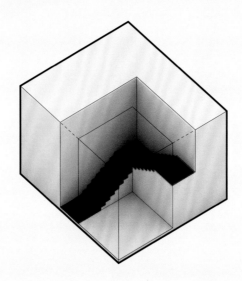

操作方向

水平——断裂

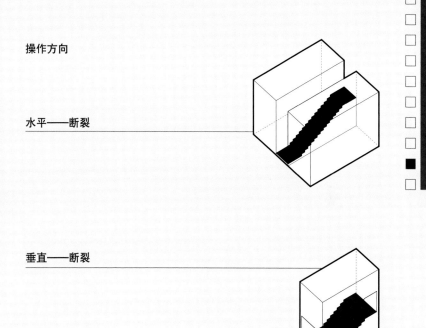

垂直——断裂

变化形式

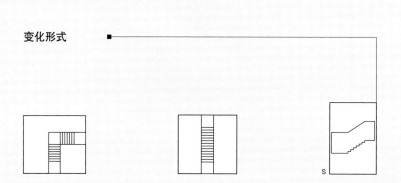

s

抽离
Extract

元素 | 连接

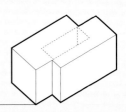

操作——抽离

元素——连接

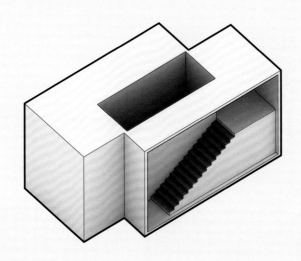

操作方向

垂直——抽离

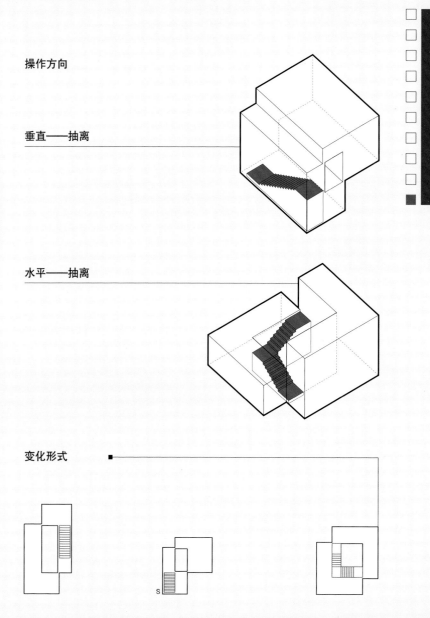

水平——抽离

变化形式

元素

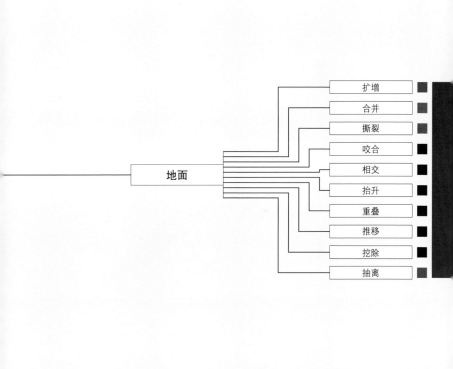

扩增
Expand

元素 | 地面

操作——扩增

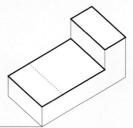

元素——地面

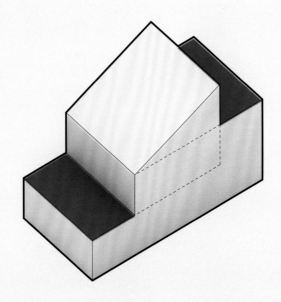

操作方向

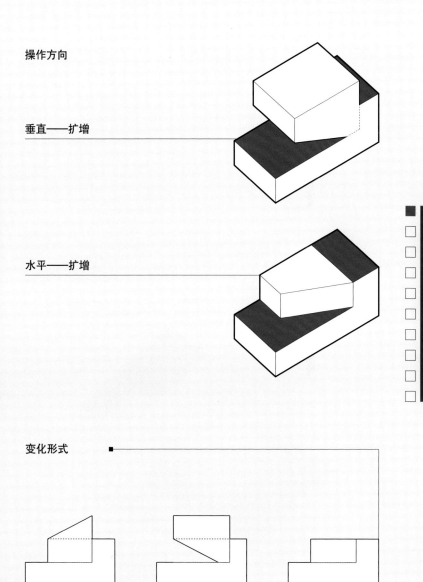

垂直——扩增

水平——扩增

变化形式

合并
Merge

元素 | 地面

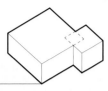

操作——合并

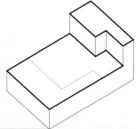

元素——地面

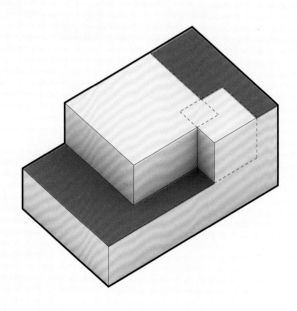

操作方向

垂直——合并

垂直——合并

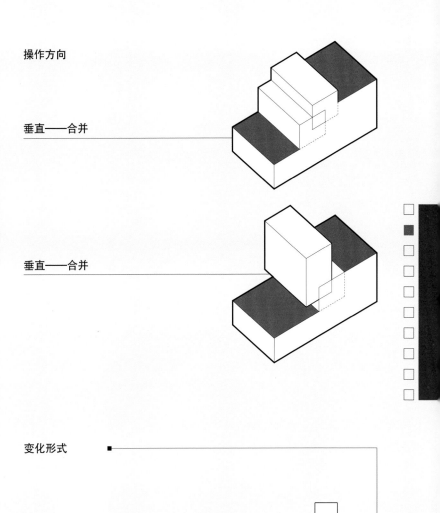

变化形式

撕裂
Split

元素 | 地面

操作——撕裂

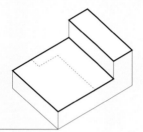

元素——地面

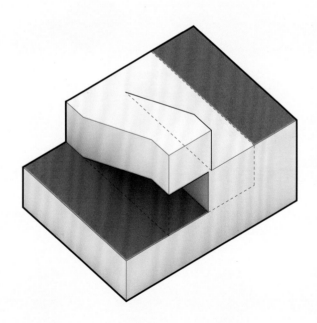

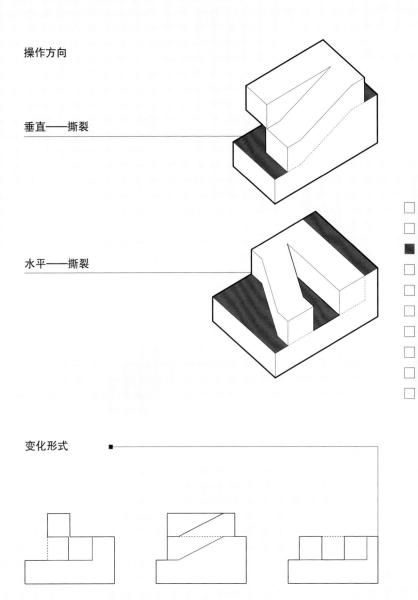

操作方向

垂直——撕裂

水平——撕裂

变化形式

咬合
Interlock

元素｜地面

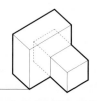

操作——咬合

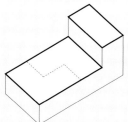

元素——地面

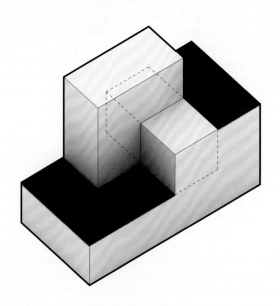

操作方向

水平——咬合

水平 + 垂直——咬合

变化形式

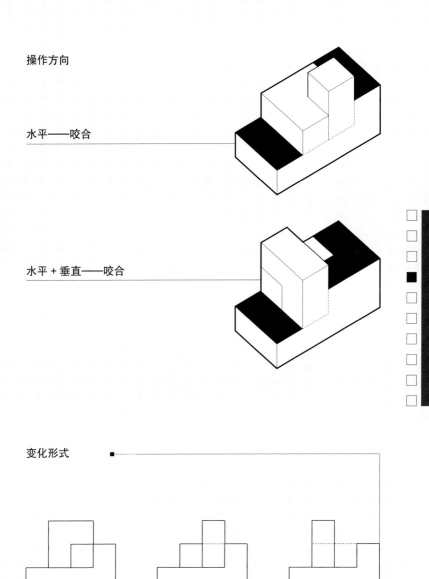

43

相交
Intersect

元素 | 地面

操作——相交

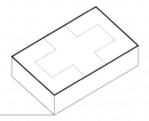

元素——地面

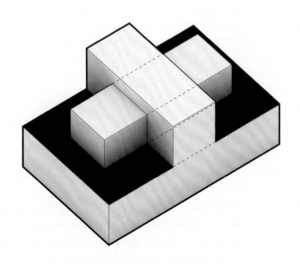

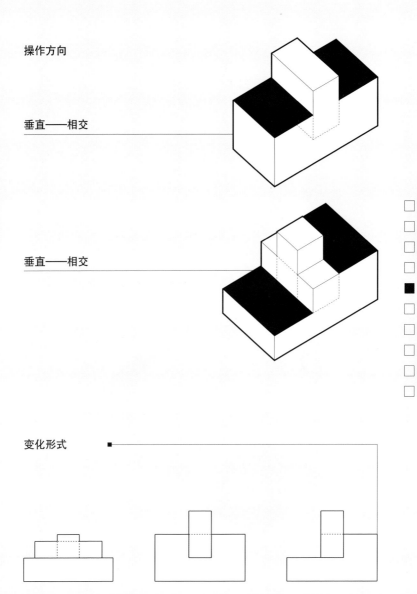

操作方向

垂直——相交

垂直——相交

变化形式

抬升
Lift

元素｜地面

操作——抬升

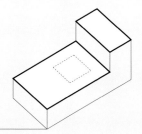

元素——地面

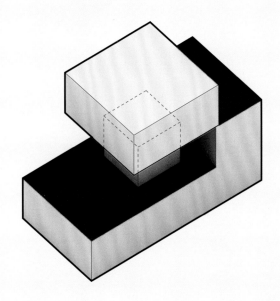

操作方向

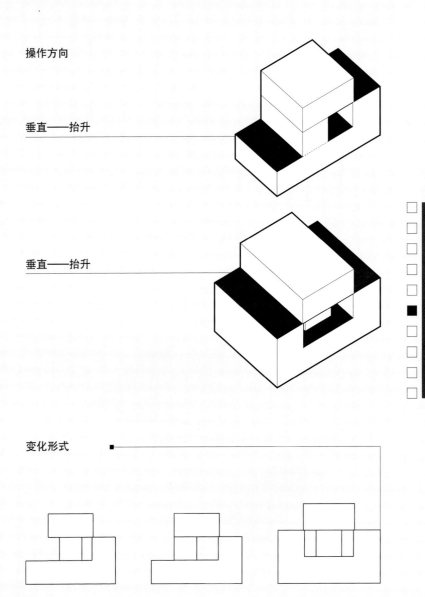

垂直——抬升

垂直——抬升

变化形式

47

重叠
Overlap

元素 | 地面

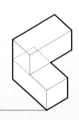

操作——重叠

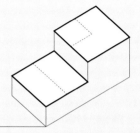

元素——地面

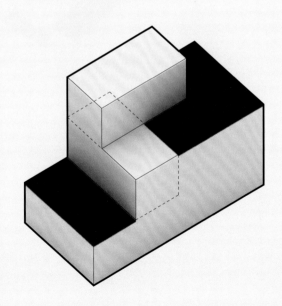

操作方向

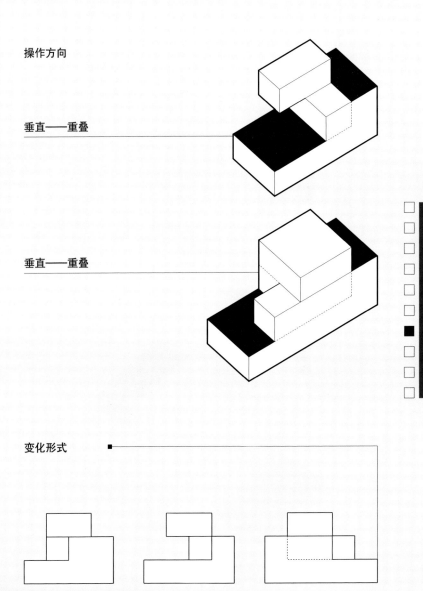

垂直——重叠

垂直——重叠

变化形式

49

推移
Shift

元素 | 地面

操作——推移

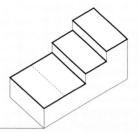

元素——地面

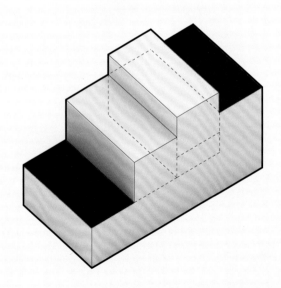

操作方向

水平——推移

水平——推移

变化形式

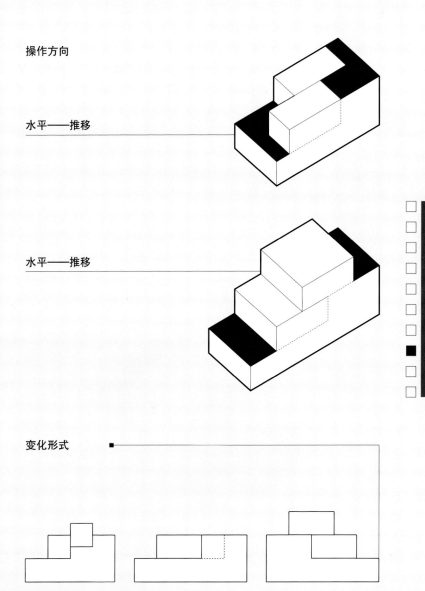

挖除
Carve

元素｜地面
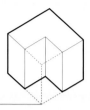

操作——挖除

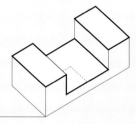

元素——地面

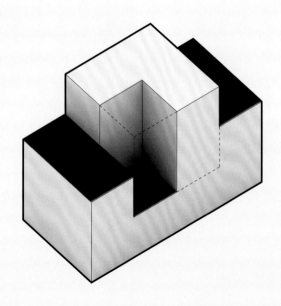

操作方向

水平——挖除

垂直——挖除

变化形式

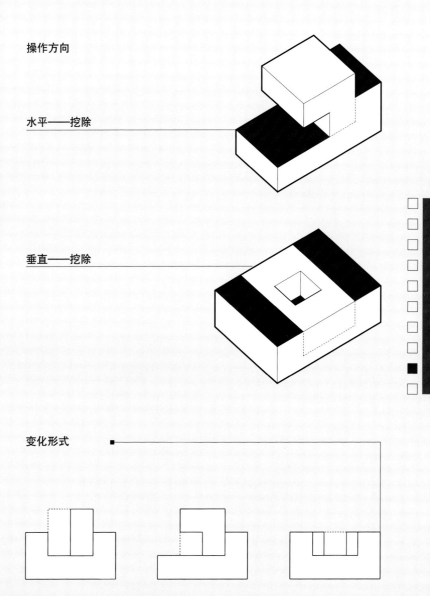

抽离
Extract

元素 | 地面

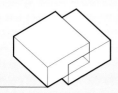

操作——抽离

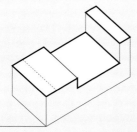

元素——地面

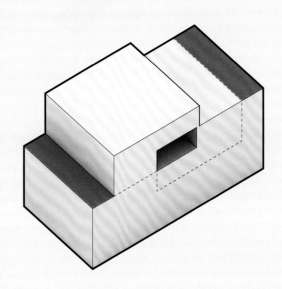

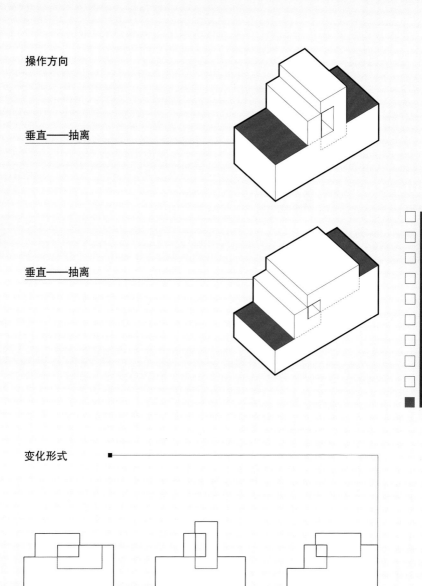

操作方向

垂直——抽离

垂直——抽离

变化形式

55

元素

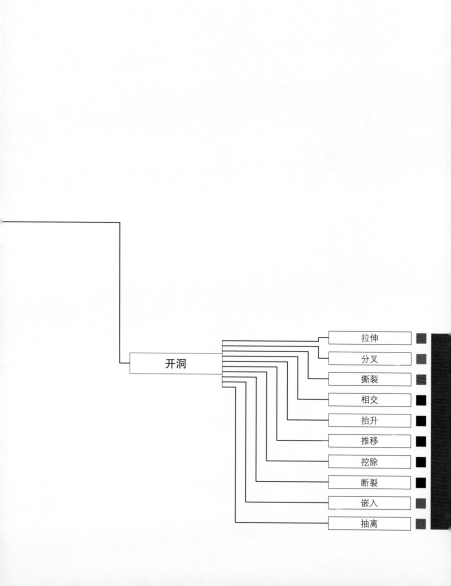

开洞

拉伸

分叉

撕裂

相交

抬升

推移

挖除

断裂

嵌入

抽离

拉伸
Extrude

元素 | 开洞

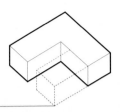

操作——拉伸

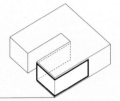

元素——开洞

操作方向

水平——拉伸

水平——拉伸

变化形式

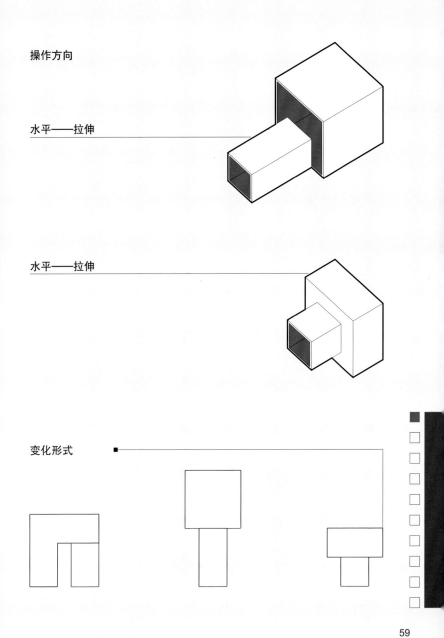

分叉
Branch

元素 | 开洞

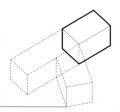

操作——分叉

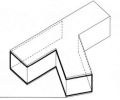

元素——开洞

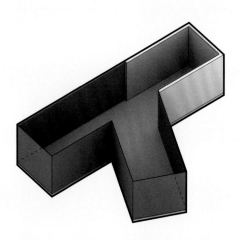

操作方向

水平——分叉

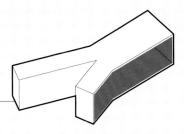

水平 + 垂直——分叉

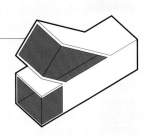

变化形式

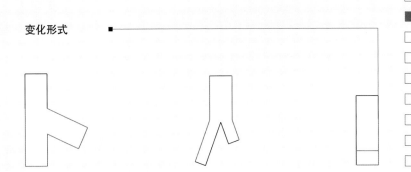

撕裂
Split

元素 | 开洞

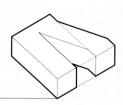

操作——撕裂

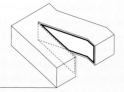

元素——开洞

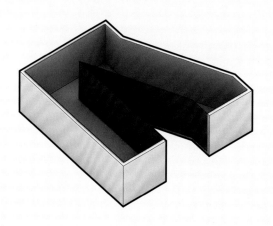

操作方向

垂直——撕裂

垂直——撕裂

变化形式

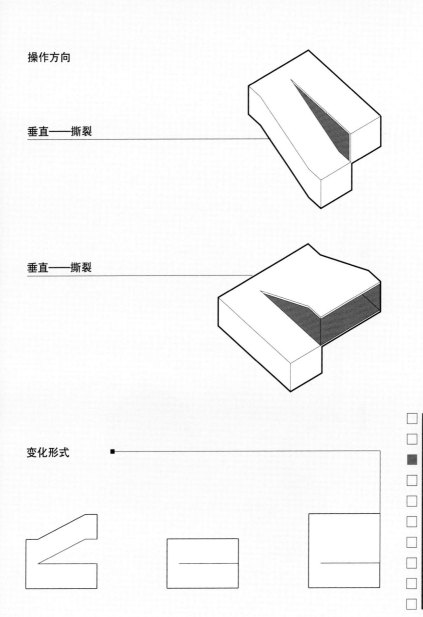

63

相交
Intersect

元素 | 开洞

操作——相交

元素——开洞

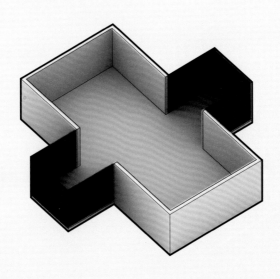

操作方向

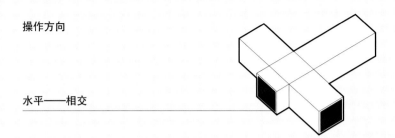

水平——相交

水平——相交

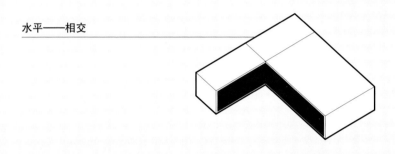

变化形式

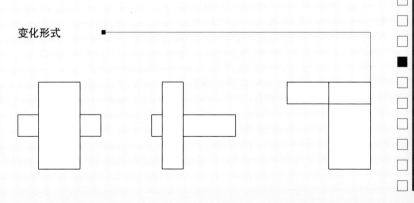

65

抬升
Lift

元素 | 开洞

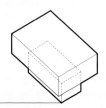

操作——抬升

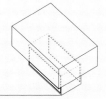

元素——开洞

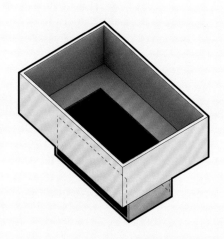

操作方向

垂直——抬升

垂直——抬升

变化形式

推移
Shift

元素 | 开洞

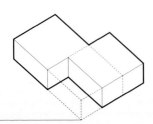

操作——推移

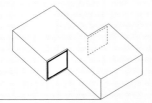

元素——开洞

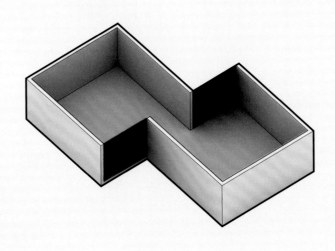

操作方向

水平——推移

垂直——推移

变化形式

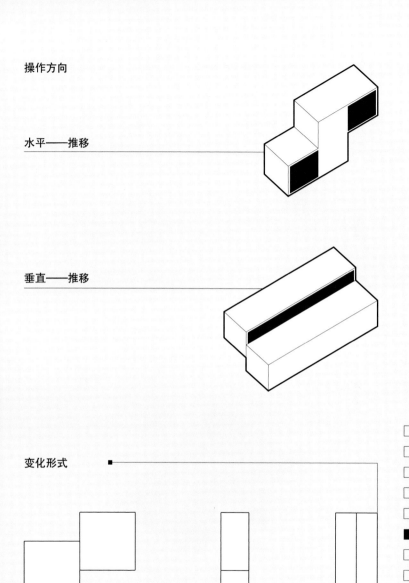

挖除
Carve

元素 | 开洞

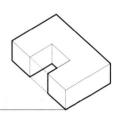

操作——挖除

元素——开洞

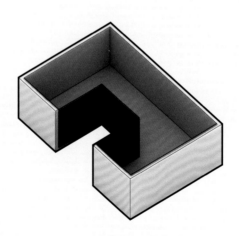

操作方向

水平 + 垂直——挖除

垂直——挖除

变化形式

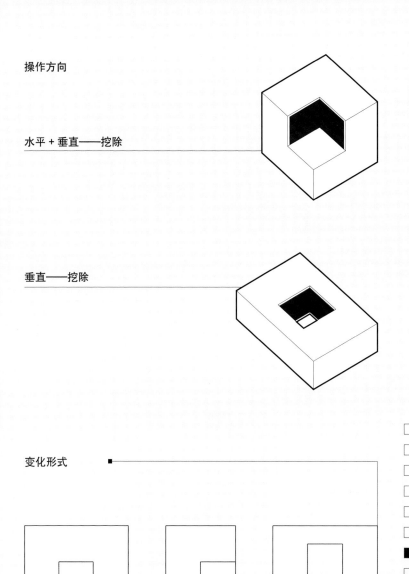

断裂
Fracture

元素 | 开洞

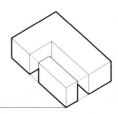

操作——断裂

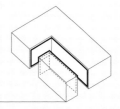

元素——开洞

操作方向

垂直——断裂

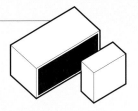

垂直——断裂

变化形式

嵌入
Embed

元素 | 开洞

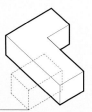

操作——嵌入

元素——开洞

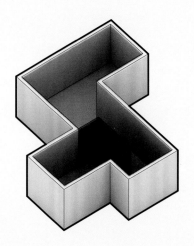

操作方向

水平——嵌入

垂直——嵌入

变化形式

抽离
Extract

元素 | 开洞

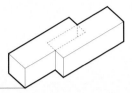

操作——抽离

元素——开洞

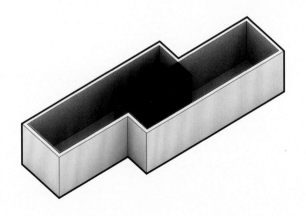

操作方向

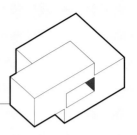

水平——抽离

垂直——抽离

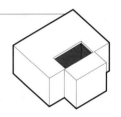

变化形式

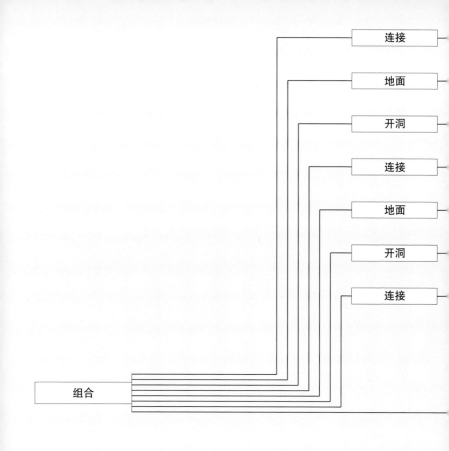

连接

地面

开洞

连接

地面

开洞

连接

组合

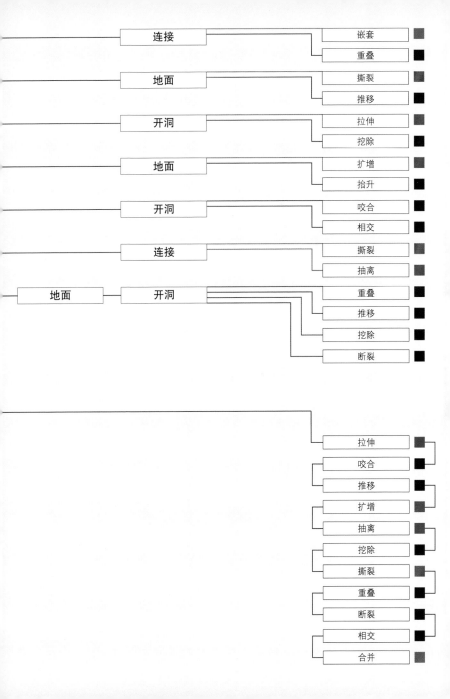

嵌套
Nest

单一操作 | 单一元素

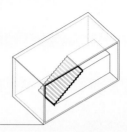

元素——连接

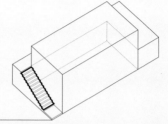

元素——连接

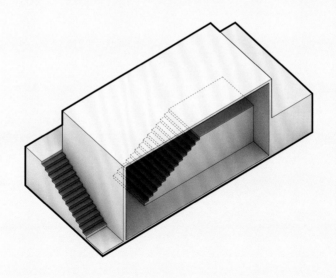

重叠
Overlap

单一操作 | 单一元素

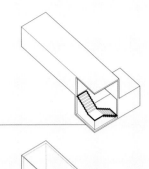

元素——连接

元素——连接

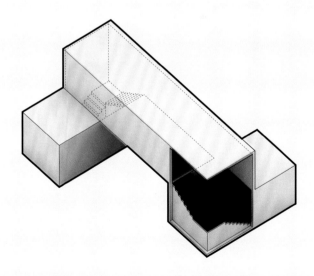

撕裂
Split

单一操作 | 单一元素

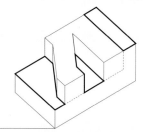

元素——地面

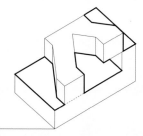

元素——地面

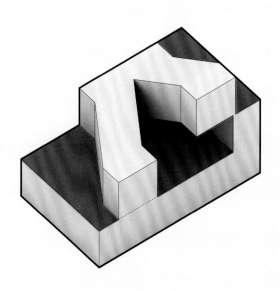

推移
Shift

单一操作 | 单一元素

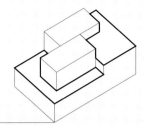

元素——地面

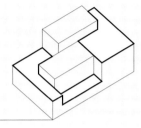

元素——地面

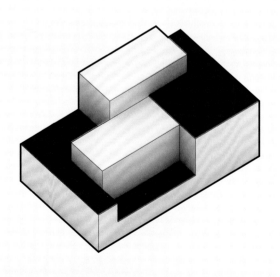

拉伸
Extrude

单一操作 | 单一元素

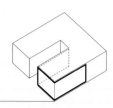

元素——开洞

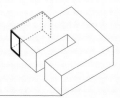

元素——开洞

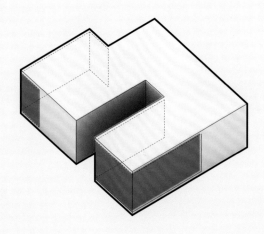

挖除
Carve

单一操作 | 单一元素

元素——开洞

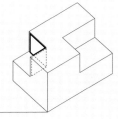

元素——开洞

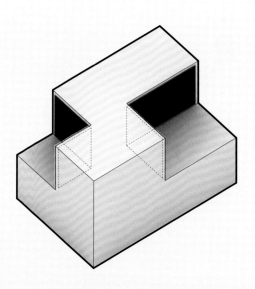

扩增
Expand

单一操作 | 多重元素

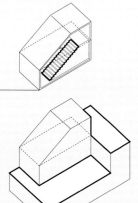

元素——连接

元素——地面

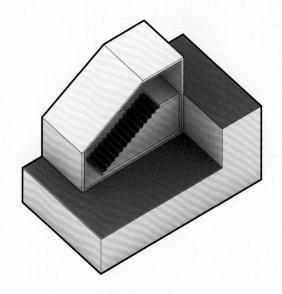

抬升
Lift

单一操作 | 多重元素

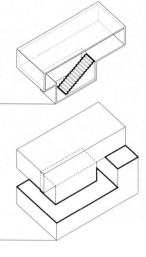

元素——连接

元素——地面

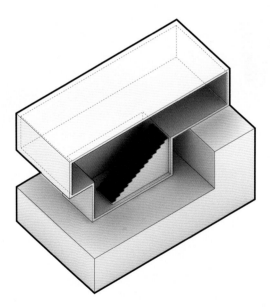

咬合

Interlock

单一操作 | 多重元素

元素——开洞

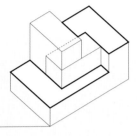

元素——地面

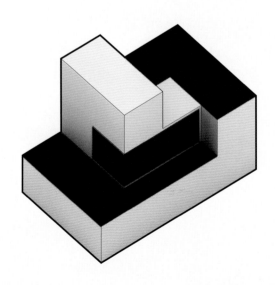

相交
Intersect

单一操作 | 多重元素

元素——开洞

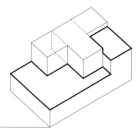

元素——地面

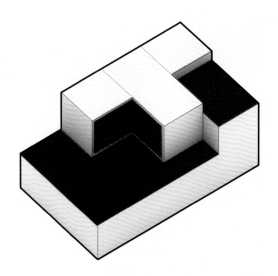

撕裂
Split

单一操作 | 多重元素

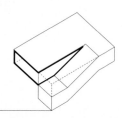

元素——开洞

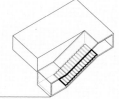

元素——连接

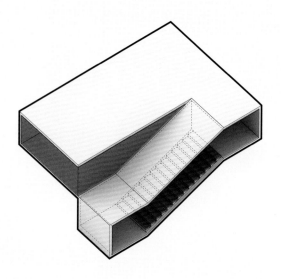

抽离
Extract

单一操作 | 多重元素

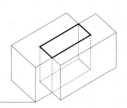

元素——开洞

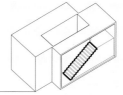

元素——连接

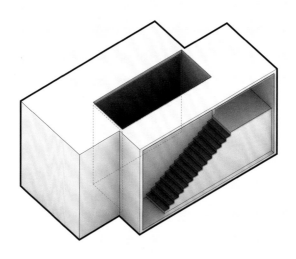

重叠
Overlap

单一操作 | 多重元素

元素——开洞

元素——连接

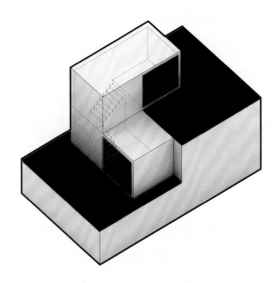

推移
Shift

单一操作 | 多重元素

元素——开洞

元素——连接

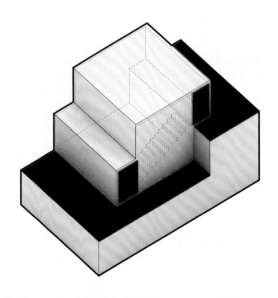

挖除
Carve

单一操作 | 多重元素

元素——开洞

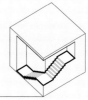

元素——连接

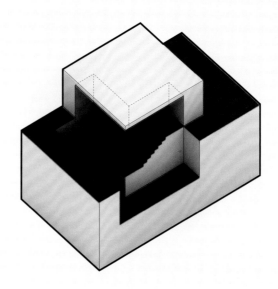

断裂
Fracture

单一操作｜多重元素

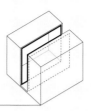

元素——开洞

元素——连接

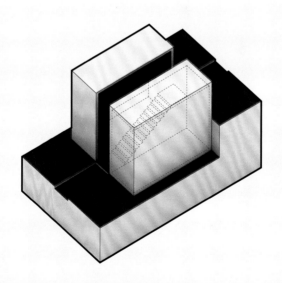

咬合 + 拉伸

Interlock + Extrude

多重操作 | 多重元素

操作——咬合 | 元素——连接

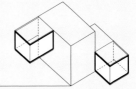

操作——拉伸 | 元素——开洞

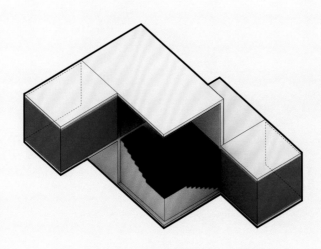

咬合 + 推移

Interlock + Shift

多重操作 | 多重元素

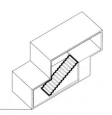

操作——推移 | 元素——连接

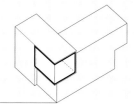

操作——咬合 | 元素——开洞

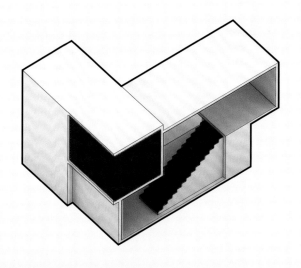

推移 + 扩增
Shift + Expand

多重操作 | 多重元素

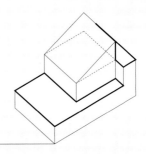

操作——扩增 | 元素——地面

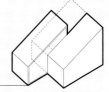

操作——推移 | 元素——开洞

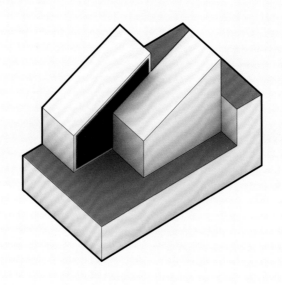

扩增 + 抽离
Expand + Extract

多重操作 | 多重元素

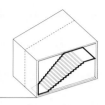

操作——扩增 | 元素——连接

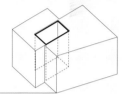

操作——抽离 | 元素——开洞

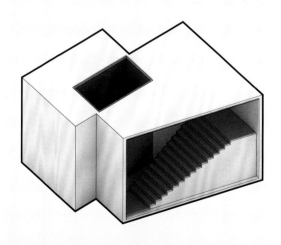

抽离 + 挖除
Extract + Carve

多重操作 | 多重元素

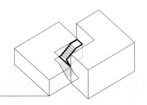

操作——抽离 | 元素——连接

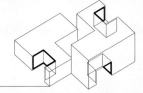

操作——挖除 | 元素——开洞

挖除 + 撕裂

Carve + Split

多重操作 | 多重元素

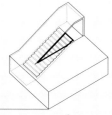

操作——撕裂 | 元素——连接

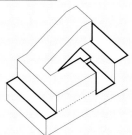

操作——挖除 | 元素——地面

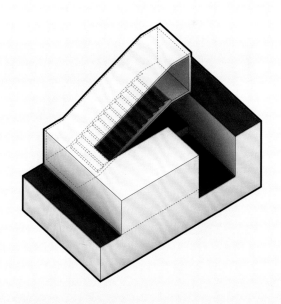

撕裂 + 重叠
Split + Overlap

多重操作 | 多重元素

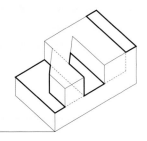

操作——撕裂 | 元素——地面

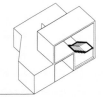

操作——重叠 | 元素——连接

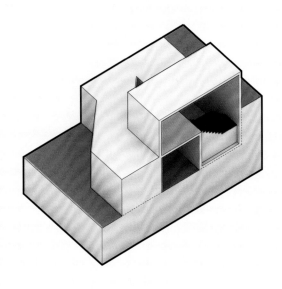

重叠 + 断裂
Overlap + Fracture

多重操作 | 多重元素

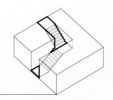

操作——断裂 | 元素——连接

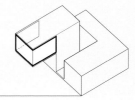

操作——重叠 | 元素——开洞

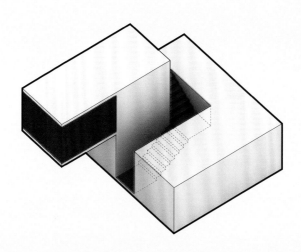

断裂 + 相交
Fracture + Intersect

多重操作 | 多重元素

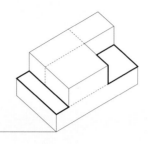

操作——相交 | 元素——地面

操作——断裂 | 元素——开洞

相交 + 合并
Intersect + Merge

多重操作 | 多重元素

操作——相交 | 元素——开洞

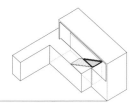

操作——合并 | 元素——连接

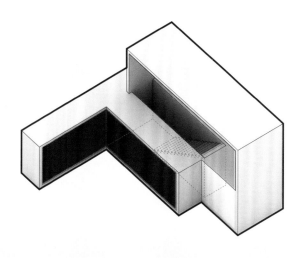

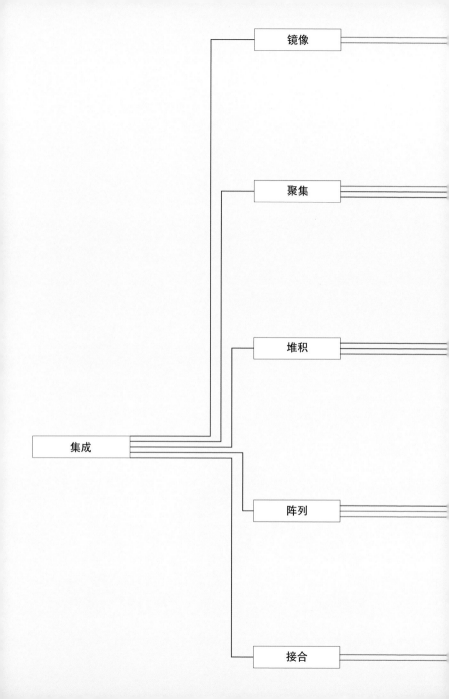

镜像

聚集

堆积

集成

阵列

接合

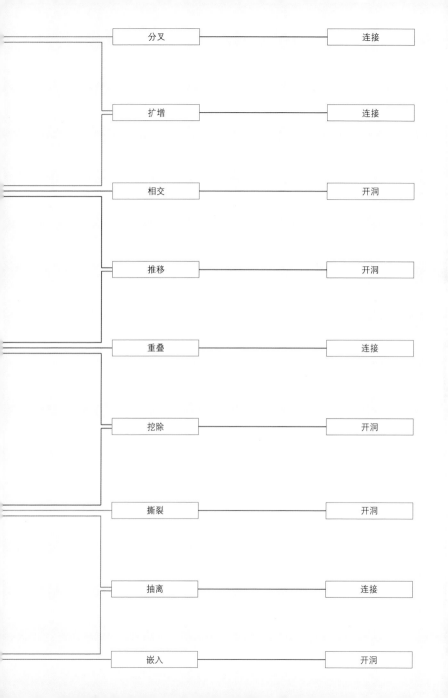

分叉	连接
扩增	连接
相交	开洞
推移	开洞
重叠	连接
挖除	开洞
撕裂	开洞
抽离	连接
嵌入	开洞

镜像 | 分叉
Reflect | Branch

单一集成方法

操作——分叉

元素——连接

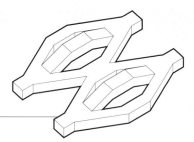

集成方法——镜像

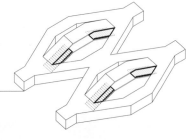

元素——连接

集成 ■

变化形式 ■

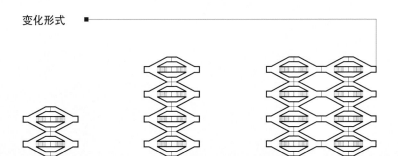

镜像 + 聚集 | 扩增
Reflect + Pack | Expand

多重集成方法

操作——扩增

元素——连接

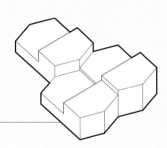

集成方法——镜像 + 聚集

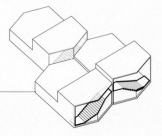

元素——连接

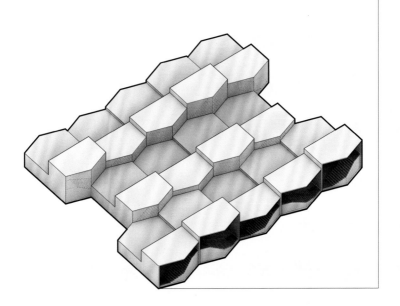

变化形式

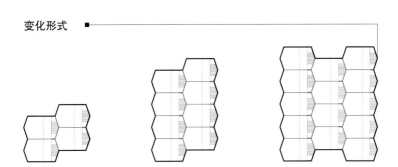

聚集 | 相交
Pack | Intersect

单一集成方法

操作——相交

元素——开洞

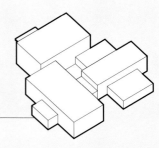

集成方法——聚集

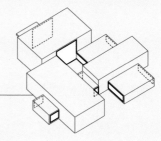

元素——开洞

集成 ■

变化形式 ■

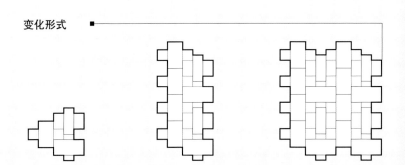

113

聚集 + 堆积 | 推移
Pack + Stack | Shift

多重集成方法

操作——推移

元素——开洞

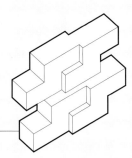

集成方法——聚集 + 堆积

元素——开洞

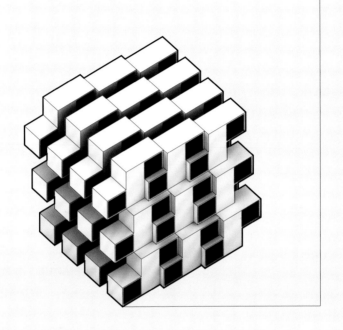

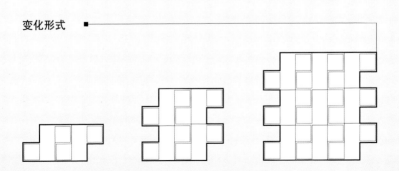

堆积 | 重叠
Stack | Overlap

单一集成方法

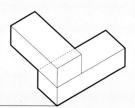

操作——重叠

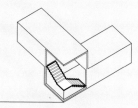

元素——连接

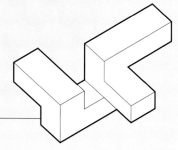

集成方法——堆积

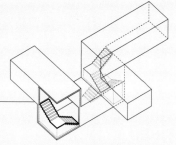

元素——连接

集成 ■

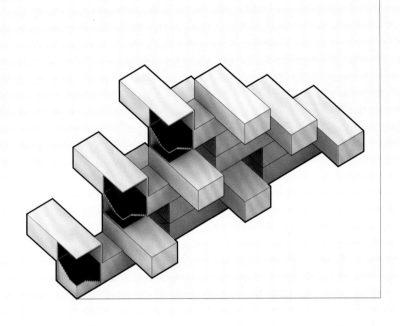

变化形式 ■

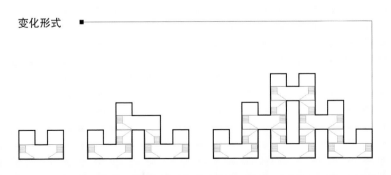

阵列 + 堆积 | 挖除
Array + Stack | Carve

多重集成方法

操作——挖除

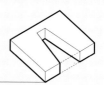

元素——开洞

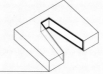

集成方法——阵列 + 堆积

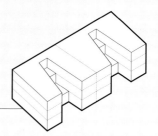

元素——开洞

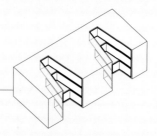

集成

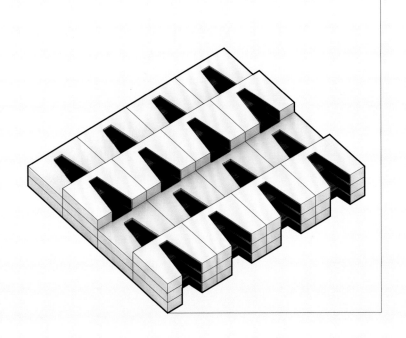

变化形式

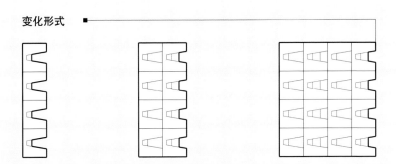

119

阵列 | 撕裂
Array | Split

单一集成方法

操作——撕裂

元素——开洞

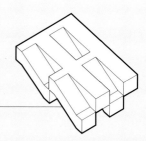

集成方法——阵列

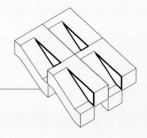

元素——开洞

集成 ■

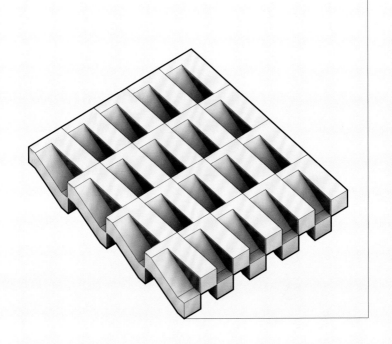

变化形式 ■

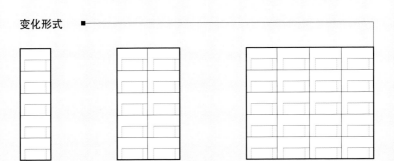

接合 + 阵列 | 抽离
Join + Array | Extract

多重集成方法

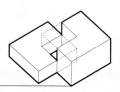

操作——抽离

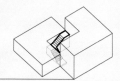

元素——连接

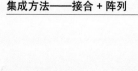

集成方法——接合 + 阵列

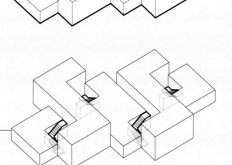

元素——连接

集成 ■

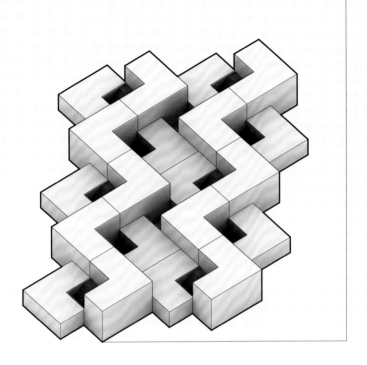

变化形式 ■

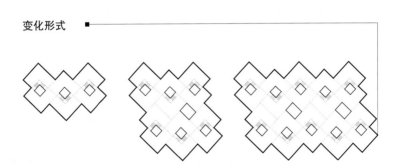

接合 | 嵌入
Join | Embed

单一集成方法

操作——嵌入

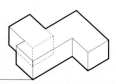

元素——开洞

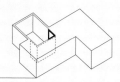

集成方法——接合

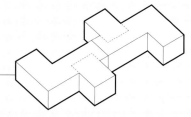

元素——开洞

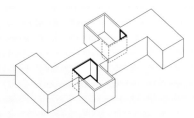

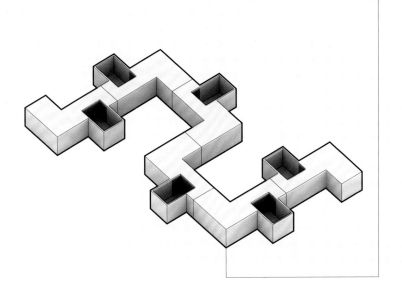

变化形式 ■

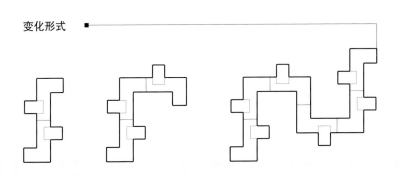

应用

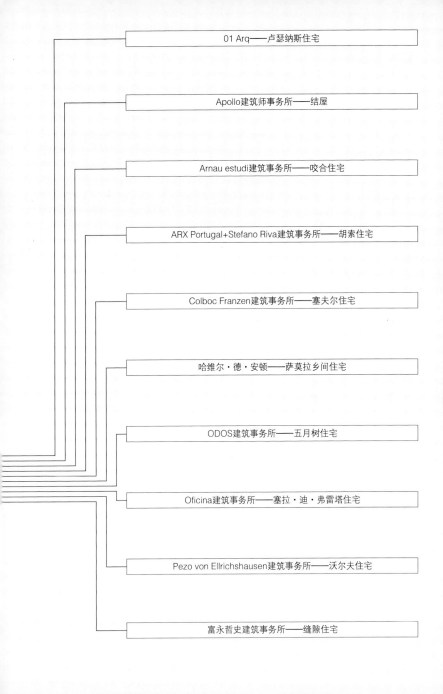

01 Arq——卢瑟纳斯住宅

Apollo建筑师事务所——结屋

Arnau estudi建筑事务所——咬合住宅

ARX Portugal+Stefano Riva建筑事务所——胡索住宅

Colboc Franzen建筑事务所——塞夫尔住宅

哈维尔·德·安顿——萨莫拉乡间住宅

ODOS建筑事务所——五月树住宅

Oficina建筑事务所——塞拉·迪·弗雷塔住宅

Pezo von Ellrichshausen建筑事务所——沃尔夫住宅

富永哲史建筑事务所——缝隙住宅

卢瑟纳斯住宅
Lucernas House

01 Arq

摄影：Aryeh Kornfeld

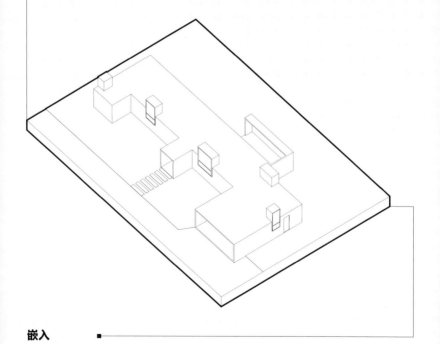

嵌入

操作——嵌入

元素——开洞

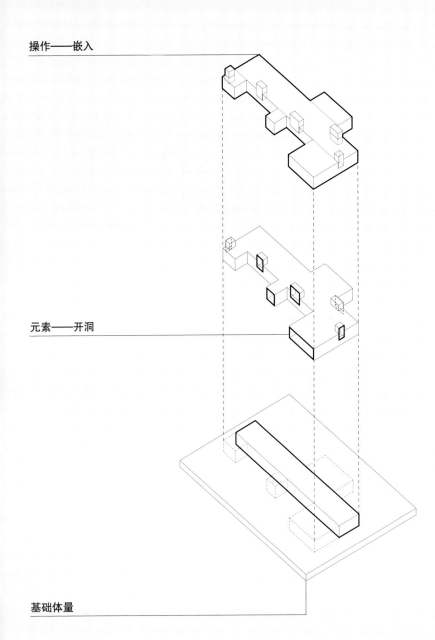

基础体量

129

结屋
Knot House

Apollo建筑师事务所

摄影：西川真夫

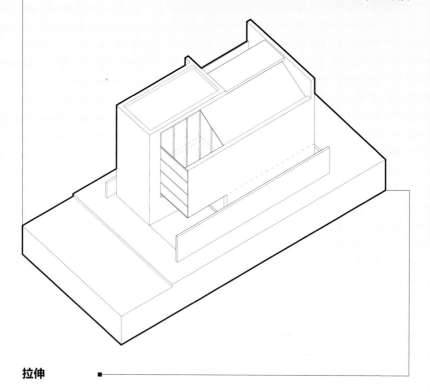

拉伸

操作——拉伸

元素——开洞

元素——连接

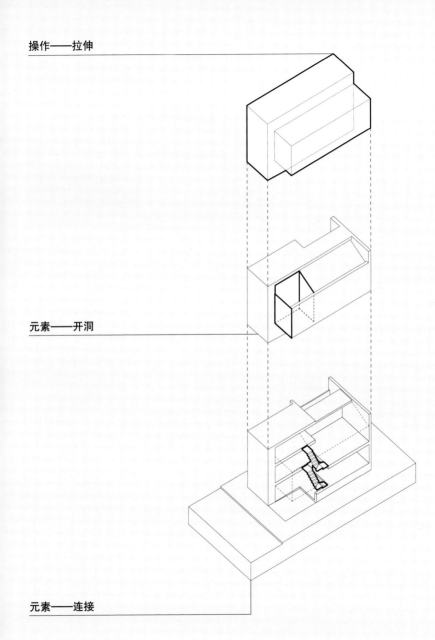

咬合住宅
Bitten House

Arnau estudi建筑事务所

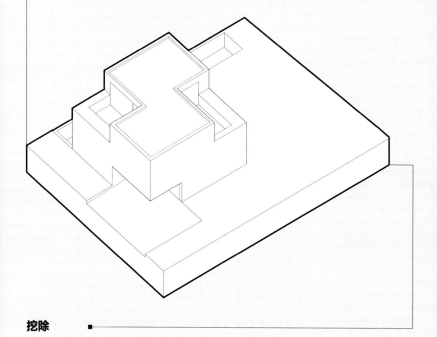

挖除

元素——开洞

元素——连接+开洞

元素——地面

胡索住宅
House In Juso

ARX Portugal+Stefano Riva
建筑事务所

摄影：FG+SG建筑摄影

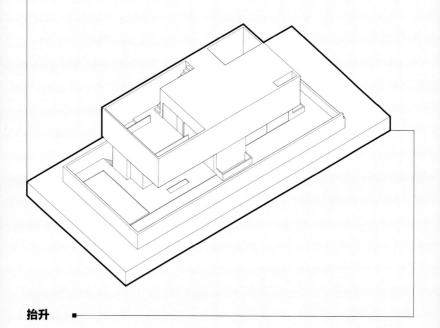

抬升

操作——抬升

元素——连接

元素——开洞

塞夫尔住宅
House In Sèvres

Colboc Franzen建筑事务所

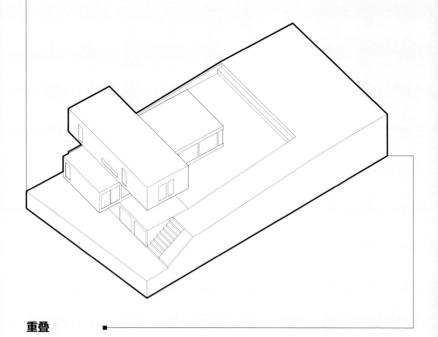

重叠

操作——重叠

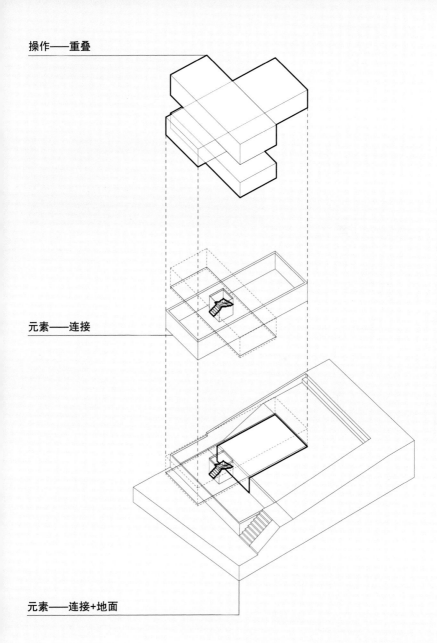

元素——连接

元素——连接+地面

137

萨莫拉乡间住宅
Country House in Zamora

哈维尔·德·安顿

摄影：Esau Acosta

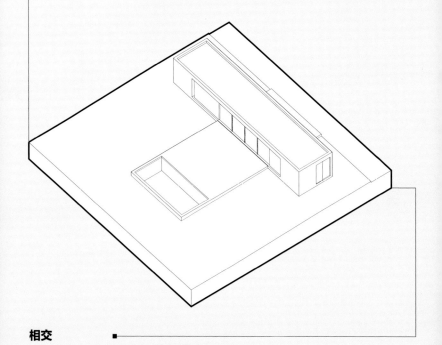

相交

操作——相交

元素——开洞

元素——地面

五月树住宅
Dwelling at Maytree

ODOS建筑事务所

摄影：Ros Kavanagh

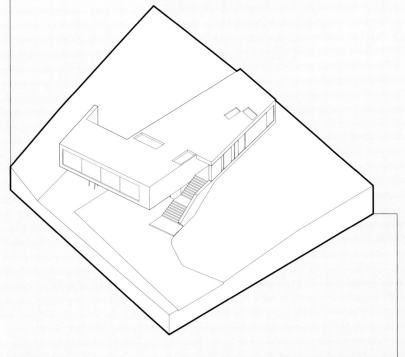

撕裂 ∎

操作——撕裂

元素——连接

元素——地面

塞拉·迪·弗雷塔住宅
House in Serra de Freita

Oficina建筑事务所

摄影：Oficina建筑事务所

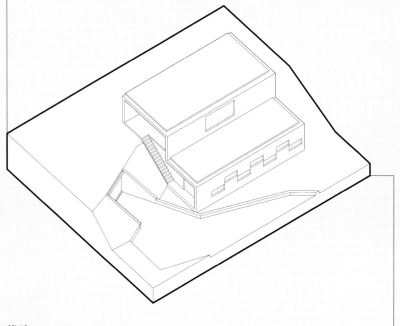

推移

操作——推移

元素——连接

元素——地面

143

沃尔夫住宅
Wolf House

Pezo von EllrichShausen
建筑事务所

摄影：Cristóbal Palma

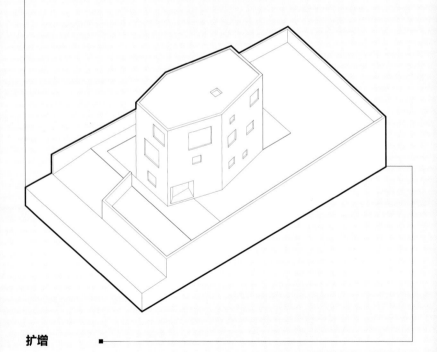

扩增

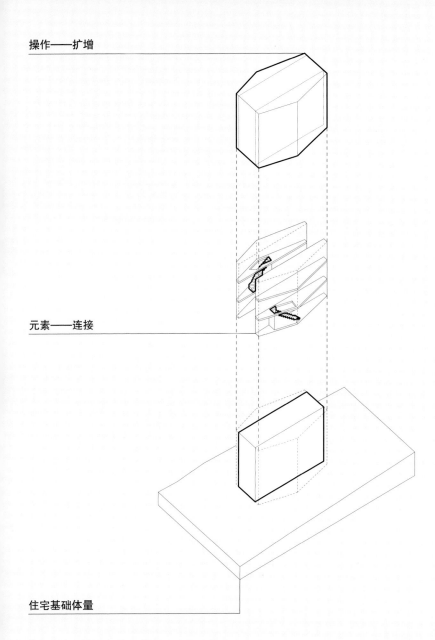

操作——扩增

元素——连接

住宅基础体量

145

缝隙住宅
Gap House

富永哲史建筑事务所

摄影：铃木贤一

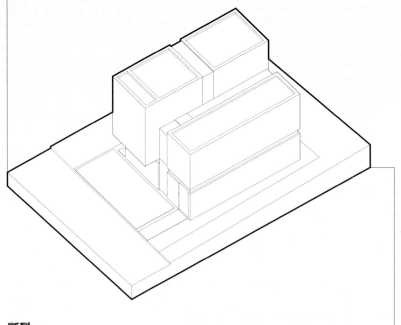

断裂

操作——断裂

元素——开洞

元素——开洞+连接

致谢

感谢为此书做出贡献的公司和摄影师们：

01 Arq

卢瑟纳斯住宅

摄影：Aryeh Kornfeld

Apollo建筑师事务所

结屋

摄影：西川真夫

Arnau estudi建筑事务所

咬合住宅

摄影：Marc Torra

ARX Portugal+Stefano Riva

建筑事务所

胡索住宅

摄影：FG+SG 建筑摄影

Colboc Franzen建筑事务所

塞夫尔住宅

摄影：Cécile Septet

哈维尔·德·安顿

萨莫拉乡间住宅

摄影：Esau Acosta

ODOS 建筑事务所

五月树住宅

摄影：Ros Kavanagh

Oficina建筑事务所

塞拉·迪·弗雷塔住宅

摄影：Oficina建筑事务所

Pezo von EllrichShausen

建筑事务所

沃尔夫住宅

摄影：Cristóbal Palma

富永哲史建筑事务所

缝隙住宅

摄影：铃木贤一

非常感谢

同我一起工作过的学生：塔夫茨大学和我合作过的建筑学院学生和我在东北大学建筑学院的所有学生。我们之间的合作，是这本书的创意之源。

感谢BIS 出版社和Rudolf van Wezel对我工作的完全信任。

感谢朋友和家人给我的鼓励和信念。

感谢Sandra Roque的支持和耐心。

感谢Nora Yoo对此项目坚持不懈的帮助、编辑和建议。

作者简介

安东尼·迪·马里

安东尼·迪·马里曾在美国波士顿东北大学建筑学院和塔夫茨大学教授建筑设计基础课程。他也在哈佛大学的职业发现项目中担任建筑学科的设计课和制图课教师。他参与撰写《建筑空间动词表》。安东尼目前的研究方向是动态设计模型、交互设计和大地艺术。

www.anthonydimari.com

译者简介

滕艺梦（Imon Teng）

美国建筑师协会会员，华盛顿哥伦比亚特区注册建筑师，美国绿色建筑专业人员AP BD+C，美国弗吉尼亚大学建筑硕士，东南大学道路桥梁与渡河工程学士。

栗茜（Sherry Li）

ArchiDogs建道筑格CEO&联合创始人，美国绿色建筑专业人员AP BD+C，宾夕法尼亚大学（University of Pennsylvania）景观建筑学硕士，东南大学建筑学硕士及学士。曾就职于美国波士顿Elkus Manfredi Architects建筑设计公司，参与波士顿昆西市场和华盛顿联合车站历史保护规划和建筑改造项目。

特别感谢黄家骏为全书最终核校付出的努力。

翻译团队

黄家骏（Alex Wong）

香港大学建筑系一级荣誉学士，哥伦比亚大学建筑系研究生候选人，曾为*The Architect's Newspaper*、Arch2O、《南华早报》、《建筑志》、ArchiDogs建道撰文。曾就职于MOS Architects, Solomonoff Architecture Studio, SWA。

ArchiDogs｜建道

ArchiDogs 建道

由年轻设计师引领的国际化设计新媒体与教育机构，于2015年初由哈佛大学，宾夕法尼亚大学及哥伦比亚大学毕业生共同创建。立足于北美，关注世界建筑、室内、景观、城市设计等学科的教育与实践，受众遍布全球各大建筑院校和建筑公司。建道以线下活动为核心凝聚力，以网络平台为媒体阵地，以实体设计研究所为教育基地，力求传播设计教育，促进学科交流，指南职业发展，推动设计创新。